EXTRAIT DES **ANNALES DES SCIENCES NATURELLES**,

5ᵉ SÉRIE, T. V. 2ᵉ CAHIER.

ADDITIONS A LA FLORE DU BRÉSIL,

Par M. Ladislaü NETTO,

Directeur de la section de Botanique et d'Agriculture au Muséum impérial de Rio de Janeiro.

(Partie botanique du rapport sur la vallée du haut San-Francisco.)

Continuation.

PISONIA NOXIA.

P. dioica, arborea, contorta ; foliis obovatis ellipticove-obovatis, integerrimis, basi cuneatis, apice obtusis, supra glabris, subtus tomentoso-rufescentibus ; floribus masculis femineisque aggregato-paniculatis.

Habitat in campis occidentalibus provinciæ Minas Geraes, *Cat. nost.* 226, *Claussen* 408!, 407!, 1107!. (*herb. Mus. Par.*) et provinciæ Goyaz, *Aug. de Saint-Hilaire, Cat. C' n° 911.*

Arbor 5-6-metralis, trunco ramisque varie contortis, cortice suberoso, ramulis extremis rufo-tomentosis. Folia ut plurimum opposita, 5-12 centim. longa, 3-6 lata, pagina superiore glaberrima, inferiore tomento molli ferrugineo obducta, petiolo centimetrum et quod excedit longo. Paniculæ utriusque sexus terminales, floribus ad apices ramulorum capitato-confertis, bracteolis tribus minutissimis villosissimis demum caducis florem quemvis stipantibus. In flore masculo perigonium campanulatum, apice obtuse breviterque 5-lobum, vix non glabrum. Stamina 8 inæqualia, longe exserta, antheris albidis. In flore femineo perigonium tubulosum; stylus exsertus, stigmate penicillato-papilloso. Fructus oblongo-ovoideus, limbo persistente patulo coronatus.

Plantam reperi in campis prope flum. San Francisco, ad vicum *Morada-Nova* urbemque *Pitanguy.* Mense septembri-octobri florebat.

Nom. vulg. *Pao-Judeo, Pao Lepra* et *João molle* apud incolas.

Le *Pisonia noxia* est un de ces arbres rabougris qui se plaisent dans les plaines sèches de Minas Geraes, depuis les premiers

pâturages qu'on rencontre à l'ouest des hauts plateaux de Bar-
bacena et d'Ouro-Preto jusqu'aux *Campos* de Goyaz. C'est donc
un véritable représentant de la flore du *Sertão*.

Il offre une certaine variabilité, soit dans la couleur du duvet
qui recouvre la face inférieure des feuilles, soit dans le développement de celles-ci et des entre-nœuds des jeunes branches,
mais il n'y a pas lieu à faire des variétés distinctes.

On le rencontre tantôt isolé dans les plaines, de même que les
Qualea, les *Kielmeyera*, les *Amphilochia*, etc., tantôt au milieu
des *serrados*, ces bois nains et éclaircis, qui couvrent parfois les
plateaux de l'intérieur du Brésil.

Son triple nom vulgaire de *Pao-Judeo* (arbre nuisible), *Pao
Lepra* (arbre à lèpre) et *João molle* (Jean mou) l'a rendu très-
familier aux habitants de l'intérieur chez lesquels la connais-
sance, sous des désignations populaires, des végétaux les plus
remarquables du pays est en certain honneur; mais je dois dire
que le nom de *João molle* est le moins usité dans les régions
que j'ai parcourues moi-même, et où au contraire ceux de *Pao
Lepra* et de *Pao Judeo* servent généralement à désigner l'arbre.
Ils s'accordent d'ailleurs avec la particularité attribuée au
P. noxia de donner la lèpre, ou plutôt de causer des deman-
geaisons à ceux qui le touchent.

Pour ma part, quoique j'en aie maintes fois récolté des échan-
tillons, je n'ai rien vu qui pût justifier cette assertion populaire,
mais il paraît qu'en restant longtemps sous son feuillage on
sentirait ses atteintes. C'est du moins ce que ferait supposer
l'annotation manuscrite de **M.** de Martius sur l'étiquette de
l'échantillon que je lui ai communiqué : « *Dicitur recubantes sub
arbore lepra affici.* » Il est fort possible, en effet, qu'à une certaine époque de sa végétation ses feuilles et ses jeunes branches
se dépouillent des petits poils qui les couvrent, comme une sorte
de duvet, et que la chute de ces poils occasionne à ceux qui se
reposent sous son ombre un prurit auquel feraient allusion les
noms vulgaires cités plus haut.

Il ne faut pas cependant croire que cette qualité nuisible soit
la seule qui ait valu une certaine renommée au *Pisonia noxia;*

il a aussi son bon côté : c'est une plante tinctoriale (ses feuilles donnent une teinture noire), et, comme tel, il est assez estimé des habitants du *Sertão*.

Pisonia Caparrosa †.

P. dioica, fruticosa, undique glaberrima; foliis sessilibus aut vix conspicue petiolatis, ellipticis, integerrimis; paniculis in utroque sexu terminalibus, brevibus, paucifloris; antheris inclusis.

Habitat in campis provinciarum Minas-Geraes, *Cat. nost.* 278, *Claussen* 411! *Aug. de Saint-Hilaire* 66! atque Goyaz *Weddell* 1851! (*Herb. Mus par.*)

Frutex circiter metralis, ramosus; cortice lucido, rimuloso, in ramulis sæpe nigrescente. Folia opposita, vix non sessilia, glaberrima, integerrima, in vivo nonnihil succulenta, post exsiccationem subcoriacea, nervulosa, 4-7 centim. longa, 3-4 lata. Paniculæ quam præcedentis speciei multo minores, floribus quoque paucioribus sed ut in illa ad apices ramulorum aggregatis pariterque bracteolis minutis suffultis. Floris masculi perigonium roseum, urceolatum, apice 5-denticulatum, 5 millim. longum. Stamina 8 inclusa, inæqualia, antheris crassiusculis. Floris feminei perig. ovoideo-cylindricum, in medio nonnihil constrictum; stylus vix exsertus, stigmate obtuso subincurvo. Fructus oblongo-ovoideus lævisque.

In campis secus flumen San-Francisco, in vicinia vicorum Morada-Nova et Abbadia, mense septembri-octobri florentem legi.

N. vulg. *Caparrosa do Campo*, apud incolas.

Cet arbuste habite les mêmes régions que le *Pisonia noxia*, et, comme lui, il est un des végétaux caractéristiques de la vallée du San-Francisco, où il est la plante la plus renommée pour la teinture. Le nom de *Caparrosa* (Couperose) qu'on lui a donné suffit d'ailleurs pour nous indiquer l'usage général qu'on en fait dans ces régions lointaines et presque désertes, où le coton, filé et tissé dans le pays même, fournit presque à lui seul les vêtements ordinaires des habitants.

Le *P. Caparrosa* est donc une des grandes ressources de la petite industrie de teinturerie du *Sertão* de Minas, car ce sont ses feuilles qui fournissent la couleur noire qui sert à teindre la toile de coton, dont s'habillent même les plus difficiles des bergers dans les jours de fête.

J'ai déjà parlé, dans d'autres mémoires, de l'infusion des feuilles de cette plante prise en boisson. Le docteur Lund, qui est la seule personne dont j'aie reçu ce renseignement, en faisait usage lorsque je l'ai vu à Lagôa-Santa. Je suis disposé à croire toutefois qu'il doit y avoir dans la province de Minas-Geraes quelque canton où l'usage de cette boisson s'est établi, et que c'est d'après ce qu'il en aura entendu dire que ce savant paléontologiste en aura voulu faire l'essai.

Le *P. Caparrosa*, ainsi qu'un certain nombre de plantes des *campos*, offre ceci de particulier que, dans les régions élevées de la vallée du San-Francisco, au voisinage de Pitanguy, ou bien dans le haut du *Rio das Velhas*, il n'est qu'un arbrisseau haut d'un mètre tout au plus, tandis que près du village de Pirapora, situé sur le bord du San-Francisco, et à une petite distance de l'embouchure du Rio das Velhas dans ce fleuve, je l'ai rencontré ayant 2 mètres de hauteur, avec un tronc de 8 centimètres environ de diamètre. C'est alors un grand arbuste, muni de nombreuses branches, et dont les feuilles sont plus coriaces et d'une teinte plus foncée que dans les individus moins développés.

PISONIA CAMPESTRIS †.

P. dioica, fruticosa, foliis brevissime petiolatis, ellipticis, integerrimis, glabris, parum venosis; paniculis terminalibus, cymas paucifloras referentibus; antheris exsertis.

Habitat in campis provinciæ Piauhy, *Gardner* 2715! 2944 ! (*Herb. Mus. Deless.*)

Frutex ramosus, undique glaberrimus, præcedenti habitu affinis, ab illo facile dignoscendus si ad compagem floris attenditur. Folia petiolo millimetrali aut fere nullo insidentia, 4-6 centim. longa, 2-3 lata. Flores masculi perigonio oblongo-turbinato insignes, apice 5-denticulato, staminibus exsertis, antheris crassiusculis.

In campis Piauhyensibus, mense julio-septembri florebat. Gardner.

Le seul échantillon de cette plante que j'aie eu à ma disposition appartient à l'herbier de M. Delessert. Il y a quelque ressemblances entre ses feuilles et celles du *P. Caparrosa*, mais la forme du périgone, la longueur des étamines, etc., feront immédiatement distinguer les deux espèces.

PISONIA LAXA †.

P. dioica, arborea? glaberrima; ramis lignosis, teretibus; foliis coriaceis, elliptico-lanceolatis, utrinque subacutis; floribus numerosis; fructu ovoideo, subtiliter (in sicco) striatulo.

Habitat in regione occidentali provinciæ Minas-Geraes, *Coll. Aug. de Saint-Hilaire (Herb. Mus. par.).*

Utrum arbor sit an arbuscula incertum est, sed rami supremi omnino sunt lignosi. Folia majuscula 10-15 centim. longa, 5-7 lata, pagina superiore nitida, inferiore pariter glabra et nervulosa; petiolo centimetrum et quod excedit longo. Cymæ terminales, e pluribus partialibus approximatis compositæ et fere umbelliformes, minutifloræ. Bracteolæ sub flore quovis 3, vix perspicuæ, quarum una cito decidua, reliquæ diutius persistentes. Perigonium floris feminei (masculi non suppetebant) tubuloso-campanulatum, glabrum. Stylus longe exsertus, stigmate capitato-penicillato. Bacca olivulam sylvestrem crassitudine et forma referens, centimetrum circiter longa, quum exaruit nigra et longitudinaliter striata.

In limite Provinciarum Minas Geraes et Goyaz, loco dicto *Olho d'Agua*, specimen unicum a celeberrimo Aug. de Saint-Hilaire lectum.

D'après l'échantillon que j'ai devant les yeux, cette plante doit habiter à la fois dans les plaines découvertes, dans les *campos* proprement dits, et à l'ombre des petits bosquets nommés généralement *Capões*, ou plutôt sur la lisière des *Catingas*, dont Aug. de Saint-Hilaire a donné un fidèle aperçu dans son *Voyage à Goyaz*.

C'est d'après un individu, probablement des *Catingas*, que 'ai donné la description qui précède. Il se fait remarquer au premier abord par ses feuilles allongées, qui conservent encore une teinte verdâtre et sont nervulées en dessous; par ses fruits volumineux et disposés comme de petites grappes de raisin, et enfin par les entre-nœuds allongés de ses jeunes branches.

En comparant cet échantillon avec celui des prairies il est facile, pour le botaniste exercé à l'observation, de saisir les petites différences qu'on remarque dans de pareils cas.

ODINA FRANCOANA †.

O. monoica, arborea; foliis imparipinnatis, foliolis bijugis cum impari, petiolatis, obovatis, integerrimis, basi cuneatis, subacuminatis, glaberrimis; floribus parvulis, albidis, in ramis paniculæ glomerato-spicatis.

Habitat in campis provinciæ Minas Geraes, secus ripas amniculorum Abæte et Borrachudo; haud procul a flumine San Francisco, mense septembri florentem legi.

Arbor 6–7-metralis, ramis foliosis, undique glaberrimis. Folia 15-centimetralia, sublaxa, patentia. Foliola integerrima, superne viridia, subtus subrufescentia discolorave, nervulata, 10 centim. longa, 4 lata; petiolo 1 centim. longo. Flores minimi, albidi, unisexuales. Calyx gamosepalus, quinquelobatus, glaber. Petala 5, calyce multo longiora, sessilia, patentia, subcarnosa, obovalia, concava. In floribus masculis stamina 10, petalis breviora, filamentis distinctis glabris, antheris ovoideis. Ovarii rudimentum profunde quinquelobatum. In floribus femineis stamina 10 abortiva, sterilia. Ovarium ovoideum, pubescenti-lutescens, uniloculare, ovulo reniformi appenso. Styli 5, rarissime 4, brevissimi, glaberrimi, stigmatibus obtusis. Discus in floribus utriusque sexus prominens, profunde 10-lobatus. (Specimen in Herb. Mus. Bras. et in Herb. Martiano.)

Je dédie cette plante à M. le docteur Manoel de Mello Franco, qui, le premier, par des discours éloquents et pleins de savoir, a plaidé au Corps législatif du Brésil pour l'exploration et la navigation du fleuve de San-Francisco.

Elle est le premier représentant du genre *Odina* qui ait été indiqué au Brésil et même dans toute l'Amérique, car jusqu'à présent ce genre n'avait été rencontré qu'en Afrique et dans l'Inde. Le *Genera*, que MM. Bentham et Hooker publient en ce moment, en signale 12 espèces, dont 3 appartiennent à l'Inde et les autres à des régions africaines. Il est vrai que le docteur Marchand, qui s'occupe actuellement des Anacardiacées, constate que ce genre appartient également à l'empire brésilien,

mais il n'a rien publié à ce sujet, et l'embarras d'être le premier
à présenter ce fait n'en est que plus grand pour moi. C'est
pourquoi j'ai fait à l'herbier du Muséum de Paris l'étude la plus
scrupuleuse de quelques *Odina*, en les comparant avec des
espèces des genres *Mauria*, *Tapiria*, etc., qui en sont voisins,
mais qui appartiennent généralement à l'Amérique tropicale.
J'ai étudié avec le même soin les caractères donnés par Endli-
cher, et plus récemment par MM. Bentham et Hooker, pour ces
différents genres, et je suis arrivé à conclure que ce ne pouvait
être qu'un *Odina*.

La description et la figure ci-jointes serviront du reste à con-
stater si j'ai bien jugé.

L'*O. Francoana* est un arbre des localités qui participent
à la fois de l'aridité des *campos* et de la fraîcheur du voisinage
des rivières. Sur la rive gauche du San-Francisco, depuis le
bourg de Pirapora jusqu'à celui de *Morada-Nova*, j'ai constaté
ceci de particulier que les bords des affluents du fleuve sont
rarement couverts de forêts. Les plantes des plaines croissent
quelquefois jusqu'à une petite distance du courant, et tantôt
elles s'arrêtent brusquement pour céder la place aux végétaux
propres des forêts, tantôt, et c'est le cas le plus ordinaire, elles
sont remplacées par des individus intermédiaires entre ces
deux types. C'est à cette classe d'individus que me paraît appar-
tenir l'*Odina Francoana*. On le désigne dans le pays sous le nom
de *Pao Pombo*, mais c'est là une désignation trop vague, car
ce nom populaire est également donné à beaucoup d'autres
plantes dont les fruits servent de nourriture aux nombreuses
espèces du genre *Colombina* de Spix, connues dans tout le Brésil
sous les noms de *Pombo*, *Rôla*, etc. Il y aurait donc là matière
à grande confusion pour le botaniste qui voudrait se baser
sur ces noms, sans faire attention aux caractères botaniques de
la plante.

EXPLICATION DES PLANCHES.

PLANCHE 7.

Fig. 1. Rameau du *Pisonia noxia*.

Fig. 2. Fleur mâle.

Fig. 3. Bouton.

Fig. 4. Anthère vue de face.

Fig. 5. Anthère vue par le dos.

Fig. 6. Coupe longitudinale d'une fleur femelle.

Fig. 7. Fruit arrivé à son développement moyen, grossi de la moitié de sa longueur naturelle.

Fig. 8. Diaphragme de la fleur mâle.

PLANCHE 8.

Fig. 1. Rameau du *Pisonia Caparrosa* (individu femelle).

Fig. 2. Anthère vue par le dos.

Fig. 3. Anthère vue de face.

Fig. 4. Grain de pollen fortement grossi.

Fig. 5. Fleur mâle grossie au triple de la longueur naturelle.

Fig. 6. Coupe longitudinale de la même.

Fig. 7. Diagramme de la même.

Fig. 8. Fleur femelle grossie au quadruple de sa longueur naturelle.

Fig. 9. Coupe longitudinale de la même.

Fig. 10. Ovaire séparé de la fleur.

Fig. 11. Ovule du même.

Fig. 12. Fruit grossi de la moitié de son plus grand développement.

PLANCHE 9.

Fig. 1. Rameau de l'*Odina Franconna*.

Fig. 2. Bouton.

Fig. 3. Fleur mâle.

Fig. 4. Anthère vue par le dos.

Fig. 5. Anthère vue de face.

Fig. 6. Fleur préparée pour laisser voir l'ovaire avorté et deux étamines.

Fig. 7. Coupe longitudinale d'une fleur femelle.

Fig. 8. Ovule séparé de l'ovaire.

Fig. 9. Ovaire fortement grossi accompagné du disque.

Paris. — Imprimerie de E. Martinet, rue Mignon, 2.

Pisonia noxia Netto.

Ladislau Netto del.   M.me Vaillant sc.

Pisonia Coparrosa Netto.

Ladislau Netto del.

M.lle Taillant sc.

Odina Francoana Netto.